BEI GRIN MACHT SICH IHR
WISSEN BEZAHLT

- Wir veröffentlichen Ihre Hausarbeit,
  Bachelor- und Masterarbeit

- Ihr eigenes eBook und Buch -
  weltweit in allen wichtigen Shops

- Verdienen Sie an jedem Verkauf

Jetzt bei www.GRIN.com hochladen
und kostenlos publizieren

Lisa Kessler

Nahrungsmittelintoleranz im Schulalltag

Eine Studie zum schulischen Umgang mit Lebensmittelunverträglichkeiten am Beispiel der Laktoseintoleranz

GRIN Verlag

Bibliografische Information der Deutschen Nationalbibliothek:

Die Deutsche Bibliothek verzeichnet diese Publikation in der Deutschen National-
bibliografie; detaillierte bibliografische Daten sind im Internet über http://dnb.d-
nb.de/ abrufbar.

Dieses Werk sowie alle darin enthaltenen einzelnen Beiträge und Abbildungen
sind urheberrechtlich geschützt. Jede Verwertung, die nicht ausdrücklich vom
Urheberrechtsschutz zugelassen ist, bedarf der vorherigen Zustimmung des Verla-
ges. Das gilt insbesondere für Vervielfältigungen, Bearbeitungen, Übersetzungen,
Mikroverfilmungen, Auswertungen durch Datenbanken und für die Einspeicherung
und Verarbeitung in elektronische Systeme. Alle Rechte, auch die des auszugsweisen
Nachdrucks, der fotomechanischen Wiedergabe (einschließlich Mikrokopie) sowie
der Auswertung durch Datenbanken oder ähnliche Einrichtungen, vorbehalten.

Impressum:

Copyright © 2012 GRIN Verlag GmbH
Druck und Bindung: Books on Demand GmbH, Norderstedt Germany
ISBN: 978-3-656-51863-1

GRIN - Your knowledge has value

Der GRIN Verlag publiziert seit 1998 wissenschaftliche Arbeiten von Studenten, Hochschullehrern und anderen Akademikern als eBook und gedrucktes Buch. Die Verlagswebsite www.grin.com ist die ideale Plattform zur Veröffentlichung von Hausarbeiten, Abschlussarbeiten, wissenschaftlichen Aufsätzen, Dissertationen und Fachbüchern.

Besuchen Sie uns im Internet:

http://www.grin.com/

http://www.facebook.com/grincom

http://www.twitter.com/grin_com

Nahrungsmittelintoleranz im Schulalltag

- Eine Studie zum schulischen Umgang mit
Lebensmittelunverträglichkeiten am Beispiel der Laktoseintoleranz

Studentin: Lisa Kessler

Studiengang: GHS

**Seminar: „Ernährung in besonderen
Situationen"**

Semester: Sommersemester 2012

Abgabedatum: 21.08.2012

Inhaltsverzeichnis

1. Einleitung

„Ein Glas frische Milch

Ich sitz am Tisch was soll ich essen und trinken,
Knoblauch? Da würde ich stinken.
Milch ein Glas? Von Kühen, die essen nur frisches Gras.
Ja genau Calcium und Mineralien,
das ist in einem Glas Milch drinnen.
Power für den ganzen Tag,
ich kann nicht glauben, dass irgendjemand keine Milch mag.
So ein Glas mit ganz viel Kraft,
ach, wie herrlich, mal was ganz anderes als Saft."[1]

(Jana)

Mit diesem Gedicht beschreibt ein Mädchen den Genuss eines Glases frischer Milch. Allerdings können nicht alle Kinder nur positive Erfahrungen mit Milch und Milchprodukten machen. Das Schlagwort lautet: „Laktoseintoleranz". Heutzutage gilt dieser Begriff schon als Trendwort. Immer mehr Menschen erhalten die Diagnose „Laktoseintoleranz".

Eine von vielen Aufgabe der Lehrerinnen und Lehrern ist es, an der Lebenswelt der Schülerinnen und Schüler anzuknüpfen. Da für immer mehr Kinder und Jugendliche Lebensmittelintoleranzen eine Rolle spielen, ergibt sich die Frage, ob dieses Thema nicht auch im Schulunterricht zumindest angesprochen werden sollte.

Ein Grund für die Auswahl dieses Themas gründet in meinem persönlichen Krankheitsbild. Ich bekam erst im Alter von 20 Jahren die Diagnose „Laktoseintoleranz". Vor dem Zeitpunkt der Diagnose litt ich jahrelang an den Auswirkungen dieser Krankheit, ohne dass ich wusste, dass dieses Krankheitsbild existiert. Auch in meiner Schulzeit wurde ich nie mit diesem Thema vertraut gemacht. Daher kam ich zu der Frage, ob diese Aufklärung in den heutigen Schulen stattfindet und falls ja, auf welche Weise. In der vorliegenden Arbeit soll daher anhand der Ergebnisse einer eigens entwickelten Onlineumfrage der aktuelle Umgang mit Lebensmittelunverträglichkeiten in der Schule anhand der Laktoseintoleranz erfasst werden.

Im Anschluss daran soll anhand der didaktischen Analyse nach Wolfgang Klafki die Notwendigkeit einer Umsetzung des Themas „Lebensmittelunverträglichkeiten anhand der Laktoseintoleranz" erläutert werden. Um das Thema als Unterrichtsgegenstand zusätzlich begründen zu können, erscheint es notwendig und sinnvoll im Anschluss an die didaktische Analyse, mögliche geeignete Kompetenzbereiche des Bildungsplans 2004 mit dem Thema zu vereinbaren.

Abschließend sollen anhand eines Fazits die grundlegenden Erkenntnisse dieser Arbeit zusammengefasst und anhand einer persönlichen Stellungnahme bewertet werden.

---

[1] http://www.reimemaschine.de/kindergedichte-0-3484.htm (5.09.2012)

2. Grundlegende Begrifflichkeiten

2.1 Lebensmittelunverträglichkeit

„Unter dem Begriff Lebensmittelunverträglichkeiten werden zahlreiche klinische Erscheinungen zusammengefasst, die mit dem Verzehr von Lebensmitteln einhergehen."[2] Der Begriff der Lebensmittelunverträglichkeit kann allerdings noch differenzierter beschrieben werden. Man unterscheidet weiter zwischen Lebensmittelallergien und Lebensmittelintoleranzen. Letztere gliedern sich nochmals in Pseudoallergien, Malabsorption, Psychosomatische Reaktionen sowie Enzymopathien. Unter dem Begriff Enzymopathien versteht man *„Erkrankungen, die durch eine verminderte Aktivität von Enzymen verursacht sind"*. Zu den Enzymopathien zählt man unter anderem die Laktoseintoleranz.

2.2 Laktose

Der Begriff Laktose steht synonym für „Milchzucker" und ist Bestandteil der Milch. Sie befindet sich sowohl in Kuh-, als auch in Ziegen-, Schafs-, Stuten-, und Muttermilch. Laktose gehört zu der Kohlenhydratgruppe der Disaccharide, auch Doppelzucker genannt. *„Diese entstehen aus zwei Molekülen Einfachzucker unter Abspaltung eines Wassermoleküls"*[3]. Im Fall der Laktose besteht diese Verbindung aus Glucose (Traubenzucker) und Galaktose (Schleimzucker). [4]

2.3 Laktoseintoleranz

Unter Laktoseintoleranz, auch Milchzuckerintoleranz, Laktoseunverträglichkeit und Milchzuckerunverträglichkeit genannt, versteht man einen Mangel beziehungsweise eine Dysfunktion der Laktase-Enzyme im Körper. Durch diesen Mangel kann die aufgenommene Laktose im Dünndarm nicht mehr gespalten werden und es kommt nach dem Verzehr laktosehaltiger Lebensmittel zu einer Reihe von Symptomen. In der Fachliteratur wird zwischen drei verschiedenen Formen von Laktoseintoleranz unterschieden.

Die *primäre adulte Laktoseintoleranz* gründet auf einem angeborenen Laktasemangel. Im Säuglingsalter ist noch eine ausreichende Menge an Laktase im Körper vorhanden, allerdings nimmt diese mit zunehmendem Alter ab.[5] Aufgrund dieser Abnahme an Laktase im Körper leiden weniger Kinder als Erwachsene an der Enzymopathie.

[2] Leitzmann; Müller et.al. : Ernährung in Prävention und Therapie – Ein Lehrbuch, Hippokrates Verlag, Stuttgart, (3) 2009, S.465

[3] Schlieper, Cornelia A., Ernährung heute, Verlag Handwerk und Technik GmbH, Hamburg, 2008, 13. Auflage, S.31

[4] Vgl. Ebd., S.30f.

[5] Vgl. Nesterenko, Sigi: Nahrungsmittelintoleranzen- Leben mit Histamin-, Fruktose-, Laktose und Glutenintoleranz, Rainer Bloch Verlag, Schrobenhausen, 1.Auflage, 2010, S.106

Beim *sekundären Laktasemangel*, auch *erworbener Laktasemangel* genannt, entsteht der Laktasemangel im Körper aufgrund *„verschiedener Erkrankungen wie bakteriellen Infektionen, Candida, Magen-Darm-Operationen, Morbus Chron, Ulcerosa, Zölliakie oder Bestrahlungen [...]."*[6] Bei diesen Erkrankungen wurden die Darmzotten des Dünndarms beschädigt, allerdings kann die Produktion von Laktase wieder aufgenommen werden, sobald sich die Grunderkrankung zurückbildet.

Die dritte Form, der *kongenitale Laktasemangel*, ist ein genetisch bedingter, angeborener Enzymdefekt und kommt sehr selten vor. Hierbei fehlt das Enzym Laktase komplett im Körper, daher ist eine laktosefreie Diät unumgänglich, da bei Laktoseverzehr erhebliche Hirnschädigungen resultieren können.[7]

3. Studie zum schulischen Umgang mit Laktoseintoleranz

3.1 Beschreibung der Methoden und Erhebungsinstrumente

Um den derzeitigen Umgang mit Laktoseintoleranz in deutschen Schulen zu dokumentieren, wurde ein Online-Fragebogen erstellt, der in verschiedenen Internetforen veröffentlicht wurde. Hierbei wurden zwei verschiedene Fragebögen erarbeitet: Ein Fragebogen für Lehrerinnen und Lehrer und ein Fragebogen für Schülerinnen und Schüler, die an Laktoseintoleranz leiden. Der Fragebogen für Lehrerinnen und Lehrer wurde in verschiedenen „Lehrer-Foren"[8] im Internet veröffentlicht, mit der Bitte an einer Umfrage im Rahmen einer Hauptseminararbeit teilzunehmen. Der Fragebogen für Schülerinnen und Schüler wurde in „Familien-Foren"[9] und in dem Sozialen Netzwerk „Facebook" in mehreren „Laktoseintoleranzgruppen" veröffentlicht.

Insgesamt nahmen an der Online-Umfrage 42 Schülerinnen und Schüler sowie 26 Lehrerinnen und Lehrer teil. Die Umfrage erscheint in Hinblick auf die begrenzte Teilnehmeranzahl als nicht repräsentativ, allerdings bietet sie ausreichend Anhaltspunkte, um Rückschlüsse auf den heutigen Umgang mit Nahrunsmittelintoleranzen in der Schule zu ziehen.

---

[6] Vgl. Nesterenko, Sigi: Nahrungsmittelintoleranzen- Leben mit Histamin-, Fruktose-, Laktose und Glutenintoleranz, Rainer Bloch Verlag, Schrobenhausen, 1.Auflage, 2010, S.106
[7] Vgl. Ebd., S.107
[8]Vgl. http://www.lehrerforen.de/, http://www.grundschultreff.de/forum/main.php, http://www.lehrer-online.de/forum-lehrer-online.php, http://www.4teachers.de/?action=show&id=16(zuletzt gesehen am 18.08.2012)
[9] Vgl. http://www.eltern.de/community, http://www.laktose.net/forum/forum.php, http://www.nahrungsmittel-intoleranz.com/nmi-community/forumindex.html, http://www.libase.de, http://www.urbia.de/forum/(zuletzt gesehen am 18.08.2012)

3.2 Sichtweise von Schülerinnen und Schülern

Frage 1 – 3: Alter und Geschlecht der Befragten

An der Schülerumfrage beteiligten sich 18 Jungen und 24 Mädchen. Bei 24 Kindern wurde die Umfrage mithilfe von den Eltern oder anderen Verwandten (Geschwister, Großeltern, Tante, Onkel etc.) ausgefüllt. Bei der Umfrage beteiligten sich außerdem zwei Personen, die nicht unbedingt zu der Zielgruppe der Umfrage passen. Dazu gehören ein vierjähriges Kind, dessen Angaben sich daher auf die Kindertagesstätte beziehen, und eine vierzigjährige Frau, die ihre Erfahrungen aus ihrer ehemaligen Schulzeit dokumentieren wollte. Allerdings soll es in der Umfrage um den heutigen Umgang mit Laktoseintoleranz in der Schule gehen, daher wurden diese beiden Personen aus der Umfrage ausgeschlossen. Das Durchschnittsalter der befragten Schülerinnen und Schüler liegt bei 11,9 Jahren. In Abb. 1 ist die Altersverteilung der Teilnehmer und Teilnehmerinnen grafisch dargestellt.

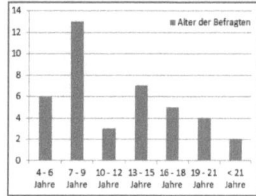

Abb. 1: Altersverteilung

Frage 4: Wissen deine Lehrer/Lehrerinnen von deiner Laktoseintoleranz?

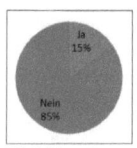

Abb. 2: Wissen der Lehrerinnen/Lehrer

66% der Schülerinnen und Schüler gaben an, dass ihre Lehrerinnen und Lehrer über ihrer Laktoseintoleranz informiert sind. Bei 34% wissen die Lehrer dementsprechend nicht Bescheid. Hierfür genannte Gründe sind, dass die Diagnose erst vor kurzer Zeit gestellt wurde oder der Umstand, dass diese Information für Lehrerinnen und Lehrer nicht relevant sei, da keine Klassenfahrten anstehen oder in der Schule nicht gegessen wird.

Frage 5: Haben deine Lehrer/Lehrerinnen das Thema Lebensmittelintoleranz im Unterricht behandelt?

Bei 15% der Schülerinnen und Schüler wurde das Thema Laktoseintoleranz im Unterricht behandelt, bei 85% hingegen nicht.

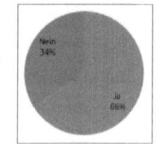

Abb. 3: Thematisierung im Unterricht

Frage 6: Sollte man das Thema "Lebensmittelunverträglichkeiten" in der Schule behandeln? Falls ja, warum?

Die Frage, ob sie es für notwendig halten das Thema im Unterricht zu behandeln, beantworteten nur 30 der 40 Teilnehmer und Teilnehmerinnen. Von diesen 30 Schülerinnen und Schülern halten 90% es für wichtig, das Thema zu thematisieren beziehungsweise zumindest anzusprechen, sofern betroffene

Kinder in der Klasse vorhanden sind. Als Gründe für die unterrichtliche Thematisierung wurde zunächst die Zunahme an betroffenen Kindern und Jugendlichen genannt. Diese vermeintliche Zunahme an Betroffenen kann man mit der Tatsache erklären, dass Laktoseintoleranz in den letzten Jahren immer mehr in den Medien thematisiert wird, weshalb die entdeckten Laktoseintoleranzfälle deutlich zunehmen. Viele zuvor ungeklärte Magen-Darm-Beschwerden werden nun als Milchzuckerunverträglichkeit diagnostiziert, die früher unter anderem als Reizmagen- oder Reizdarmsyndrom dekliniert wurden.

Ein weiterer wichtiger Aspekt stellt für die Befragten die sozialen Kompetenzen dar, die durch das Thema Nahrungsmittelunverträglichkeiten vermittelt werden können. Andere Kinder sollen über die Unverträglichkeit informiert werden, um gezielt Rücksicht nehmen zu können. Bei der Umfrage wurde auch von Ausgrenzung und Mobbing bezüglich laktoseintoleranter Kinder gesprochen: *„Meine Tochter wurde schlimm gemobbt und ausgegrenzt, da keiner mit ihren Problemen klar kam."*[10] Aus diesem Grund ist es von hoher Wichtigkeit, Klassenkameraden und Klassenkameradinnen aufzuklären und mit ihnen über betroffene Kinder zu sprechen. Ebenso wurde hierbei das Allgemeinwissen der Schülerinnen und Schüler angesprochen. Da Nahrungsmittelunverträglichkeiten in unserer heutigen Gesellschaft einen immer höheren Stellenwert erlangen, erscheint dieses Thema als allgemeinbildend und daher auch als unterrichtsrelevant.

Ein letzter hervorzuhebender Aspekt ist bei dieser Frage auch die Urteilsfähigkeit der Schülerinnen und Schülern selbst, in Hinblick auf auftretende Symptome bei einer Laktoseintoleranz. Durch die Aufklärung über Symptome von Nahrungsmittelintoleranzen im Unterricht können die Kinder und Jugendlichen selbst aufmerksam werden, sobald sie gewisse Symptome bei sich bemerken. Da Mediziner oft nicht primär eine Nahrungsmittelunverträglichkeit feststellen, könnte dies eine hilfreiche Möglichkeit darstellen die Diagnose einer Laktoseintoleranz zu beschleunigen. Um diesen Umstand zu verdeutlichen, soll auch hier ein Jugendlicher zitiert werden: *„Ich denke, wenn Kinder in weiterführenden Schulen Symptome kennen lernen, können sie selbst eine Diagnose herbeiführen, indem sie von sich aus zum Arzt gehen und nicht auf andere hören das extreme Blähungen, Übelkeit etc nach dem Essen normal sei!"*[11]

Frage 7: Was sollten deine Lehrer/deine Lehrerinnen über Laktoseintoleranz wissen?

Abgesehen von der Frage, ob man Nahrungsmittelunverträglichkeiten im Unterricht thematisieren sollte, stellt sich zudem die Frage, was Lehrerkräfte über Laktoseintoleranz oder andere Lebensmittelintoleranzen wissen sollten, um ihre Schülerinnen und Schüler im Alltag zu unterstützen. Hierbei wurden an erster Stelle die möglichen Symptome genannt, die bei einer Laktoseintoleranz auftreten können.

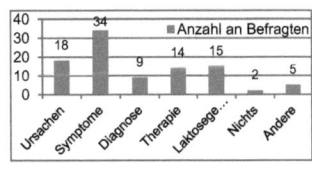

Abb. 4: Wissen der Lehrkräfte

[10] Vgl. Anhang: Schülerfragebogen, S.2
[11] Vgl. Ebd., S.2

Symptome:

Zu den häufigsten Symptomen zählen Probleme im Magen-Darm-Trakt wie beispielsweise Bauchschmerzen, Blähungen, Völlegefühl, Sodbrennen, Mundgeruch, Durchfall, Verstopfung, Gewichtsverlust, Koliken, Übelkeit und Erbrechen. Weitere unspezifische Beschwerden können sein: *„Abgeschlagenheit, Anspannungsgefühl, chronische Müdigkeit, depressive Verstimmungen, Erschöpfungszustände, Gliederschmerzen, Hautprobleme, innere Unruhe, Konzentrationsstörungen, Kopfschmerzen, Nervosität, Mangelerscheinungen, Niedergeschlagenheit, Schlafstörungen, Schwindelgefühl sowie ein subjektives Krankheitsgefühl."* [12]

Die Ausprägung dieser Symptome ist allerdings von verschiedenen Einflussfaktoren abhängig. Die individuelle Ausprägung der Laktoseintoleranz steht hierbei an vorderster Stelle. Des Weiteren spielen Faktoren wie die Art und Menge der konsumierten laktosehaltigen Lebensmittel, die Zusammensetzung der Darmflora sowie die körperliche und seelische Verfassung der Betroffenen eine Rolle. [13]

Ursachen:

Am zweitwichtigsten erscheinen den Betroffenen die Ursachen einer Laktoseintoleranz. Die Ursachen der Laktoseintoleranz liegen in der Verdauung des Milchzuckers (siehe Abb. 5)[14]. Laktose wird durch das Enzym Laktase im Dünndarm in seine zwei ursprünglichen Bestandteile Glucose und Galaktose aufgespalten. Da laktose-intolerante Menschen das Enzym

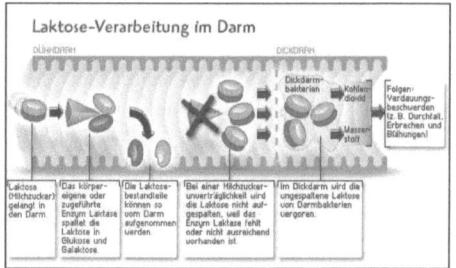

Abb. 5: Laktose-Verdauung

Laktase gar nicht, beziehungsweise nicht in ausreichender Menge produzieren, wird die Aufspaltung extrem gemindert oder auch verhindert. Die ungespaltenen Milchzuckermoleküle gelangen dadurch unverändert in den Dickdarm und es kommt durch eine anaerobe Vergärung zur Bildung von Wasserstoff, Methan, Kohlendioxid und kurzkettigen Fettsäuren. Daraus entstehen die zuvor bereits genannten Symptome der Laktoseintoleranz.

Laktosegehalt von Lebensmitteln:

Um auf Schülerinnen und Schüler mit Laktoseintoleranz im Schulalltag Rücksicht nehmen zu können, ist es wichtig zu wissen, in welchen Lebensmitteln Laktose vorhanden ist. Dies gaben 15 Schülerinnen

---

[12] Fritzsche, Doris: Nahrungsmittel-Intoleranzen: Beschwerdefrei genießen, Gräfe und Unzer Verlag, (4)2009, S.7
[13] Vgl. Schleip; Thilo: Laktose-Intoleranz: Wenn Milchzucker krank macht, Trias Verlag, Stuttgart, 2005, S.31
[14] http://www.initiative-fitforfood.de/laktose.html (18.08.2012),

und Schüler an. Viele Lebensmittel enthalten von Natur aus keinerlei Laktose. Zu den am häufigsten konsumierten laktosefreien Lebensmitteln zählen: Obst, Gemüse, Kartoffeln, Getreide, Nüsse, Fleisch, Fisch, Geflügel, Meeresfrüchte, Eier, Honig. Unter den natürlichen, zusatzfreien Lebensmitteln finden wir folgende mit Laktosegehalt: Milch, Butter, Käse, Quark, Sahne, Kefir, Joghurt, Sauermilch, Buttermilch.

Da die Schülerinnen und Schüler in der Regel nicht ausschließlich naturbelassene, nicht modifizierte Produkte zu sich nehmen, erscheint es sinnvoll, auch solche Lebensmittel näher auf ihren Laktosegehalt zu untersuchen. In folgenden Produkten wurde bereits Laktose entdeckt: Backwaren, Brotaufstriche, Margarine, Mayonnaise, Salatdressing, Süßigkeiten, Schokolade, Snacks, Cornflakes, Wurstwaren, Fruchtsäfte, Gewürzmischungen sowie in sämtlichen Instandprodukten. [15]

Therapie:

Bei einer vorliegenden Laktoseintoleranz sollten laktosehaltige Lebensmittel auf jeden Fall gemieden werden. Allerdings ist es, gerade im Kindes- und Jugendalter, von äußerster Wichtigkeit den Calciumbedarf zu decken, da dieser, wie man in der Grafik[16] der DACH-Referenzwerte erkennen kann, bis zum Erwachsenenalter kontinuierlich ansteigt. Allerdings gibt es Gemüsesorten, die viel Calcium liefern, um den Bedarf decken zu können wie beispielsweise Grünkohl, Fenchel, Brokkoli, Mangold sowie Lauch.[17]

Eine gute Möglichkeit stellen auch „laktosefreie" Lebensmittel dar, die heutzutage in nahezu jedem Supermarkt angeboten werden. Diesen Produkten wird während der Produktion das Enzym Laktase zugesetzt, welches die Laktose, wie bereits beschrieben, in Glukose und Galaktose aufspaltet. Da diese beiden Einfachzucker eine circa siebenfach höhere Süßkraft als Laktose aufweisen, schmecken die meisten „laktosefreien" Produkte, im Vergleich zu normalen Produkten, süßlich.[18] „Laktosefreie" Lebensmittel enthalten allerdings noch einen extrem niedrigen Gehalt an Laktose (0,1%) und sind daher, je nach Schweregrad der Laktoseintoleranz, mit Vorsicht zu genießen. Eine weitere Option stellen Laktasepräparate dar. Laktase ist in Form von Pulver, Kapseln oder Kautabletten erhältlich. Das Präparat nimmt man in ausreichend hoher Dosierung zusammen mit der (laktosehaltigen) Mahlzeit ein, oder man verteilt das Pulver über die Speise. Durch die eingenommene Laktase kann der Milchzucker, wie bei normalen Menschen, im Darm gespalten werden. Allerdings können bei manchen Betroffenen trotz allem Beschwerden auftreten. Es wird vermutet, „dass die Laktase bereits im Magen

Alter	Calcium		
	mg/Tag	mg/MJ¹ (Nährstoffdichte)	
		m	w
Säuglinge			
0 bis unter 4 Monate²	220	110	116
4 bis unter 12 Monate	400	133	138
Kinder			
1 bis unter 4 Jahre	600	128	136
4 bis unter 7 Jahre	700	109	121
7 bis unter 10 Jahre	900	114	127
10 bis unter 13 Jahre	1100	117	129
13 bis unter 15 Jahre	1200	107	128
Jugendliche und Erwachsene			
15 bis unter 19 Jahre	1200	113	141
19 bis unter 25 Jahre	1000	94	123
25 bis unter 51 Jahre	1000	96	128

Abb. 6: DACH-Referenzwerte für Calcium

[15] Vgl. Kirchner, Nora: Milchallergie und Laktoseintoleranz, Walter Hädecke Verlag, Weil der Stadt, 2008
[16] http://www.dge.de/modules.php?name=Content&pa=showpage&pid=3&page=4 (5.08.2012)
[17] Vgl. Bruckert, Ingeborg: Laktose und Laktoseintoleranz – Wenn Milch krank macht, In: HTW Praxis, 12/2009, Oldenbourg Schulbuch Verlag, München, 2009
[18] Vgl. http://www.mlr.baden-wuerttemberg.de/mlr/bro/Milch.pdf (5.08.2012)

durch das dort vorherrschende saure Milieu teilweise inaktiviert wird."[19] Bei der außerhäuslichen Ernährung, zum Beispiel auf Klassenfahrten, Klassenfesten oder Kindergeburtstagen, erweisen sich Laktasepräparate allerdings als sehr hilfreich, jedoch sind sie kein Ersatz für die grundsätzlich empfehlenswerte Umstellung auf eine individuell angepasste Ernährung mit sehr wenig oder gar keiner Laktose. Des Weiteren ist für Betroffene der genaue Laktosegehalt in zubereiteten Mahlzeiten nicht immer leicht zu ermitteln, dadurch kommt es häufig zu einer Minder- oder Überdosierung der Laktasepräparate.

Diagnose:

Neun der befragten Kinder und Jugendlichen halten es für notwendig, dass Lehrkräfte über die verschiedenen Diagnosemöglichkeiten bei Nahrungsmittelunverträglichkeiten informiert sind. Grund hierfür sei die vorliegende Angst mancher Kinder, die vor einer Diagnose auftritt. Wenn die Lehrerinnen oder der Lehrer über die Diagnosevarianten Bescheid wissen, können sie den Kindern die Angst vor einem Arztbesuch nehmen. Im Folgenden werden die gängigsten Diagnoseverfahren kurz erläutert[20]

Der H2-Atemtest:

Beim H2-Atemtest wird der Wasserstoffgehalt in der Atemluft der Betroffenen ermittelt. Bei laktoseintoleranten Menschen werden die Milchzuckermoleküle erst im Dickdarm durch Darmbakterien in Kohlendioxid, Wasserstoff und Methan zersetzt. Je schwerer die Laktoseintoleranz also ausgeprägt ist, desto mehr Laktose wird erst im Dickdarm zerlegt. Folglich gelangt auch mehr Wasserstoff durch den Atem an die Luft. Der Test wird nüchtern durchgeführt indem die Patienten zu Beginn 25mg Laktose gelöst in Wasser zu trinken bekommen. Danach wird circa drei Stunden lang in 15-minütigen Abständen die Wasserstoffkonzentration im Atem gemessen. Anhand der Wasserstoffkonzentration und den auftretenden Symptomen der Patienten kann dann eine Laktoseintoleranz sowie deren Schweregrad festgestellt werden.

Der Laktose-Belastungstest:

Da diese Diagnoseform aufgrund der häufigen Blutabnahme für Kinder ungeeignet ist, wird sie im Weiteren nur kurz erläutert. Den Patienten wird nach einer Gabe von einer Laktosemischung (25mg Laktose/200ml Wasser) in 30-minütigen Abständen Blut entnommen um den darin enthaltenen Glucosegehalt zu messen. Liegt der ermittelte Wert unter 20mg/dl, ist dies ein Indiz für eine Laktoseintoleranz.

Der Gentest:

Mittels einer Blutprobe wird hierbei ermittelt, ob eine Laktoseintoleranz durch Vererbung vorliegt. Allerdings ist dieses Verfahren sehr kostenintensiv und kann nur Aufschluss über einen angeborenen

---

[19] **Schleip, Thilo:** Laktose-Intoleranz: Wenn Milchzucker krank macht, Trias Verlag, Stuttgart, (3)2003
[20] Vgl. Ebd., S.42 - 50

Laktasemangel geben. Liegt ein sekundärer Laktasemangel vor, muss dies zusätzlich mit einem Atemtest bewiesen werden.

Frage 8: Wissen deine Mitschüler/Mitschülerinnen, dass du laktoseintolerant bist?

Leidet ein Kind in einer Schulklasse an einer Nahrungsmittelunverträglichkeit ist es besonders in der Grundschule wichtig, dass auch die Mitschülerinnen und Mitschüler Bescheid wissen. Ein wichtiger Grund hierfür ist das Tauschverhalten von Schülerinnen und Schülern. In der Grundschule wird häufig beobachtet, dass Kinder ihre Pausenbrote tauschen. Um hierbei den Auswirkungen einer Unverträglichkeit entgegen zu wirken, ist es wichtig die Kinder und Jugendliche darüber zu informieren. 22% der Schülerinnen und Schüler gaben an, dass alle Mitschülerinnen und Mitschüler über ihre Laktoseintoleranz informiert seien. 41% gaben an, dass manche ihrer Mitschüler und Mitschülerinnen Bescheid wissen. Bei 32% der Befragten wissen nur wenige oder nur Freundinnen und Freunde von der Unverträglichkeit. Lediglich bei 5% wissen die Mitschülerinnen und Mitschüler nichts über die vorhandene Krankheit. Somit kann man den Schluss ziehen, dass bei 95% der Schülerinnen und Schüler mindestens die Freundinnen und Freunde über die Krankheit unterrichtet sind.

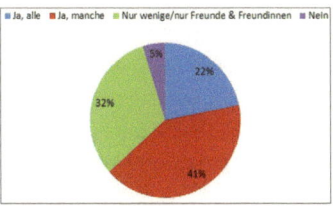

Abb. 7: Mitwissen der Mitschüler/innen

Frage 9: Sollten deine Klassenkameraden/Kameradinnen mehr über Laktoseintoleranz wissen?

Im Weiteren schloss sich die Frage an, ob die Schülerinnen und Schüler es für wichtig erachten, dass ihre Mitschülerinnen und Mitschüler mehr über Laktoseintoleranz wissen sollten. 37% der Befragten würden es begrüßen, wenn ihre Mitschülerinnen und Mitschüler besser informiert wären. 34% der Kinder und Jugendlichen waren sich bei dieser Frage nicht sicher und gaben an, dass es vielleicht notwendig wäre mehr über die Krankheit zu wissen. 29% der Befragten gaben an, dass mehr Wissen auf Seiten der Mitschülerinnen und Mitschüler nicht notwendig sei.

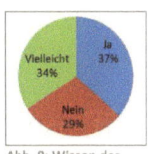

Abb. 8: Wissen der Mitschüler/innen

Frage 10: Grundschule - Hat dein Lehrer/deine Lehrerin speziell für dich Lebensmittel in der Schule, falls Geburtstag oder ähnliches gefeiert wird?

In der Grundschule werden häufig die Geburtstage der Kinder „groß" gefeiert. Oft wird dann vom Geburtstagskind Kuchen, Süßigkeiten oder ähnliches für die anderen Kinder mitgebracht. Während diverser Praktika habe ich bei solchen Geburtstagsfeiern beobachten können, dass oft Kinder nicht mitessen konnten, da sie an verschiedenen Allergien oder Unverträglichkeiten litten. Hierfür hatten manche Lehrerinnen andere Süßigkeiten (Beispielsweise Gummibärchen für laktoseintolerante Kinder) im Klassenzimmer deponiert.

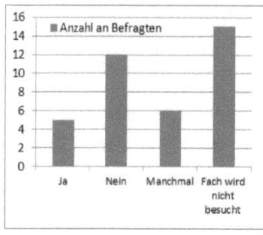

Da ich diese Idee sehr interessant fand wollte ich auch in der Umfrage wissen, ob die Lehrerinnen und Lehrer der Befragten in der Schule andere Lebensmittel deponiert haben. Bei sieben von 39 Befragten traf dies zu, bei hingegen 24 Befragten befinden sich keine zusätzlichen Lebensmittel in der Schule. Sechs Betroffene gaben an, dass die Deponierung weiterer Lebensmittel nicht erforderlich sei. Dies traf auf Schülerinnen und Schüler höherer

Abb. 9: Spezielle Lebensmittel in der Schule

Klassen zu. Unter den 24 Kindern, deren Lehrerinnen und Lehrer keine zusätzlichen Lebensmittel in der Schule bereithalten, befanden sich durchaus die meisten im Grundschulalter.

Allerdings werden nicht nur in der Grundschule gemeinsam Speisen eingenommen. An Haupt-, Real-, und Werkrealschulen sowie an beruflichen Schulen gibt es Fächer in denen die Nahrungszubereitung einen großen Stellenwert einnimmt. Daher ist es interessant zu wissen, ob in diesen Fächern auf Schülerinnen und Schüler mit Laktoseintoleranz speziell eingegangen wird und wie diese Berücksichtigung genau aussieht.

Frage 11: Wird auf dich im Fach Ernährung (MuM, WAG) Rücksicht genommen, wenn Speisen zubereitet werden?

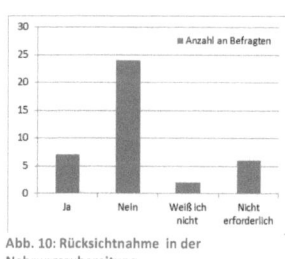

Insgesamt können bei dieser Frage nur 24 Schülerinnen und Schüler berücksichtigt werden, da die restlichen Befragten dieses Fach nicht besuchen beziehungsweise die Frage nicht beantwortet haben. Von den 24 Schülerinnen und Schülern gaben lediglich fünf Jugendliche an in der Nahrungszubereitung speziell berücksichtigt zu werden. Sechs Jugendliche gaben an, dass diese Berücksichtigung nur manchmal besteht. Die

Abb. 10: Rücksichtnahme in der Nahrungszubereitung

restlichen zwölf Schülerinnen und Schüler werden demzufolge nicht gesondert in der Nahrungszubereitung behandelt.

Frage 12: Falls ja, in welcher Form wird auf dich Rücksicht genommen?

Bei der nächsten Frage wurden die elf Schülerinnen und Schüler angesprochen, die zuvor angaben, in der Nahrungszubereitung zumindest manchmal oder auch immer berücksichtigt zu werden. Mit dieser Erweiterungsfrage sollte ermittelt werden, wie so eine spezielle Berücksichtigung im haushalts-wissenschaftlichen Unterricht aussehen kann.

Zur grafischen Darstellung dieser Frage ist zu sagen, dass vier Personen diese Frage missverstanden hatten. Sie gaben demnach Angaben zur Schulverpflegung, daher können diese Daten bei der Auswertung nicht berücksichtigt werden, da die Frage auf die Nahrungszubereitung im Unterricht abzielt.

Fünf Schülerinnen und Schüler gaben an, dass in ihrem Unterricht die Möglichkeit bestehe, auf laktosefreie Produkte zurückzugreifen. Bei einer Person werden in der Nahrungszubereitung ausschließlich Speisen ohne Laktose zubereitet. Zwei Schülerinnen und Schüler gaben an, dass manche Gerichte ohne Laktose zubereitet werden und bei wiederum drei Befragten wird in der Nahrungszubereitung jeweils ein Gericht ohne Laktose angeboten.

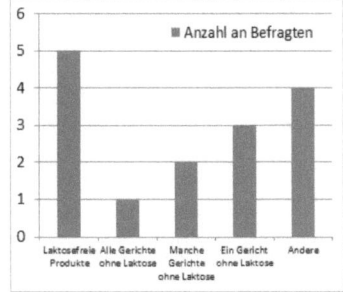

Abb. 11: Alternative Kost in der Nahrungszubereitung

3.3   Sichtweise von Lehrerinnen und Lehrern

Nachdem nun die Sichtweise der Schülerinnen und Schüler näher betrachtet wurde, soll nun das Augenmerk auf die Perspektive von Lehrerinnen und Lehrern gerichtet werden.

Frage 1: Hatten Sie schon einmal Schüler/Schülerinnen in Ihrer Klasse, die an einer Laktoseintoleranz leiden?

42% der Lehrerinnen und Lehrer gaben an bereits Schülerinnen und Schüler mit Laktoseintoleranz unterrichtet zu haben. Bei 31% der Befragten könnte es sein, dass Unverträglichkeiten bei Schülerinnen und Schülern vorlagen, allerdings sei dies dann nicht bekannt gewesen. Die restlichen 27% hatten noch keinen Kontakt zu laktoseintoleranten Kindern oder Jugendlichen.

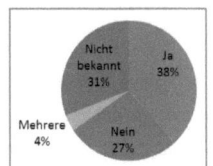

Abb. 12: SuS mit Laktoseintoleranz

Frage 2: Haben Sie sich selbst über die Unverträglichkeit ausführlicher informiert?

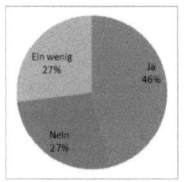

Abb. 13: Informations-
bereitschaft der Lehrer/innen

Im Weiteren wurden die Lehrerinnen und Lehrer gefragt, ob sie sich persönlich ausführlicher über Laktoseintoleranz informiert haben. 46% bejahten diese Frage, weitere 27% gaben an sich „ein wenig" darüber informiert zu haben. Interessant ist, dass sich 27% der Befragten nicht näher informiert haben. Es liegt nun nahe den Schluss zu ziehen, dass diese 27% dieselben Personen

12

sind, die bei der vorherigen Frage angegeben hatten, noch nie Kontakt zu laktoseintoleranten Schülerinnen und Schülern gehabt zu haben. Den Auswertungen der Fragebögen nach zu urteilen, ist dem allerdings nicht so, das bedeutet, dass sich manche Lehrerinnen und Lehrer durchaus für dieses Thema interessieren, obwohl sie keine betroffenen Schülerinnen und Schüler unterrichten.

Frage 3: Haben Sie das Thema "Laktoseintoleranz" bzw. "Nahrungsmittelintoleranzen" bereits im Unterricht thematisiert?

Die Ergebnisse dieser Frage decken sich größtenteils mit den Schülerantworten zu diesem Thema. 19% der Lehrerinnen und Lehrer gaben an, „Nahrungsmittelintoleranzen" im Unterricht schon thematisiert zu haben. Demnach war dies bei 81% noch nicht der Fall. Dieses Ergebnis bestätigt die Annahme, dass es auch heutzutage nicht üblich ist, dieses Thema in den Unterricht zu integrieren.

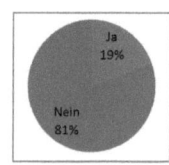

Abb. 14: Thematisierung im Unterricht

Frage 4: Halten Sie es für notwendig dieses Thema im Unterricht zu thematisieren?

Im Gegensatz zu den Schülerinnen und Schülern halten es lediglich 23% der Lehrerinnen und Lehrer für notwendig, das Thema Laktoseintoleranz im Unterricht anzusprechen. 31% der Befragten würden das Thema vielleicht im Unterricht thematisieren und 46% würden das Thema nicht in ihrem Unterricht aufgreifen. Positiv zu sehen an diesen Antworten ist, dass knapp ein Drittel der Lehrkräfte die Thematisierung zumindest in Erwägung ziehen würde.

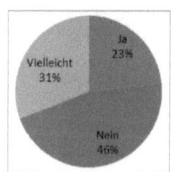

Abb. 15: Thematisierung im Unterricht – sinnvoll?

Für die Umsetzung im Unterricht wurden von den Befragten einige Gründe genannt, die im Folgenden erläutert werden sollen. Ein genannter Grund war die Toleranz der Schülerinnen und Schüler zu fördern. Dieses Ergebnis deckt sich mit den Meinungen der Kinder und Jugendlichen, die ebenfalls angaben, dass dieses Thema wichtig sei um die Rücksicht und Toleranz gegenüber betroffenen Kindern zu fördern. Ebenso genannt wurde die Aufklärung über mögliche Symptome von Lebensmittelunverträglichkeiten, damit Lehrerinnen und Lehrer, sowie Schülerinnen und Schüler aufmerksam mit solchen Symptomen umgehen und gegebenenfalls schnell handeln können.

Frage 5: Welche Informationswege zur Aufklärung über bestehende Laktoseintoleranz halten Sie für sinnvoll/umsetzbar?

Um das Lehrerkollegium über vorhandene Lebensmittelintoleranzen zu informieren, bieten sich verschiedene Methoden an. Von den befragten Lehrerinnen und Lehrern hielt knapp die Hälfte es für sinnvoll zu Beginn jedes Schuljahres einen Fragebogen an alle Eltern zu senden, auf dem vermerkt wird, ob das Kind/ der Jugendliche an einer Unverträglichkeit oder Allergie leidet. Wichtig ist hierbei der Umstand, dass solche Elternfragebögen nicht nur zu Beginn der Schulzeit ausgeteilt werden sondern in regelmäßigen Abständen aktualisiert werden, da häufig Nahrungsmittelunverträglichkeiten, wie die Laktoseintoleranz, erst im Laufe des Kindes- und Jugendalters festgestellt werden.

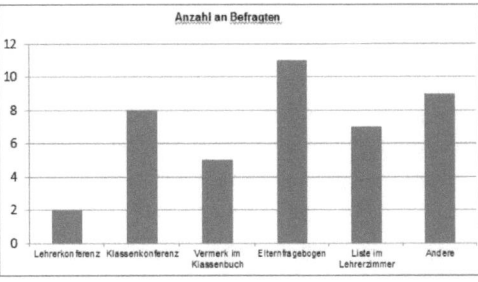

Von den befragten Lehrerinnen und Lehrern hielten es acht für nützlich, das Thema auf einer Klassenkonferenz zur Sprache zu bringen. Sieben Befragte befanden die Idee einer Liste mit betroffenen Schülerinnen und Schülern

Abb. 16: Informationsmöglichkeiten

im Lehrerzimmer für umsetzbar und wiederum fünf sprachen sich für einen Vermerk im Klassenbuch aus.

Die Erwähnung von betroffenen Schülerinnen und Schülern in einer Gesamtlehrer-konferenz fand lediglich bei zwei Lehrerinnen und Lehrern Anklang. Weitere Anmerkungen von einzelnen Befragten waren, die direkte Kommunikation von Seiten der Eltern zum Klassenlehrer oder der Klassenlehrerin zu suchen, auf dem Elternabend nach betroffenen Schülerinnen und Schülern zu fragen, sowie eine Info an den Schulsanitätsdienst und alle Patenlehrer und Vertretungslehrer zu geben.

Frage 6: In welchen Klassenstufen würden Sie das Thema in den Unterricht integrieren?

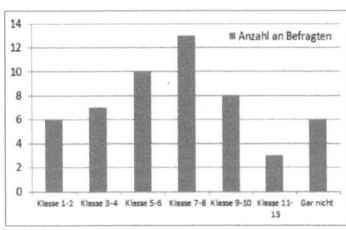

Abb. 17: Thematisierung in verschiedenen Klassenstufen

Wie in der Umfrage deutlich wurde, gibt es viele Lehrerinnen und Lehrer die eine Thematisierung des Themas Lebensmittelunverträglichkeiten im Unterricht nicht für notwendig erachten. Angenommen man wollte das Thema aufgrund von aktuell betroffenen Schülerinnen und Schülern im Unterricht thematisieren, ergibt sich die Frage, in welchen Klassenstufen dies am sinnvollsten wäre. Die Auswertung ergab, dass die wenigsten Lehrerinnen und Lehrer es für sinnvoll halten, das Thema in den ersten beiden Klassenstufen sowie in den höheren Klassenstufen 11-13 zu thematisieren. Die größte Akzeptanz fand sich für die Umsetzung in den mittleren Klassenstufen 7 – 10, sowie in den Klassen 5 – 6.

Frage 7: Was sollten die Schülerinnen und Schüler anhand dieses Themas lernen?

An die Frage nach der geeigneten Klassenstufe schloss sich die Frage nach den Lernzielen einer Umsetzung des Themas an. Mit dieser Frage sollte geklärt werden, welche Kompetenzen die Kinder und Jugendlichen anhand dieses Themas vom Unterricht mitnehmen sollten und welches Fachwissen vermittelt werden sollte. Den größten Anklang fand hierbei das Thema „Allgemeinwissen". Da immer mehr Menschen die Diagnose einer Nahrungsmittelintoleranz erhalten, erscheint es heutzutage als ein Teil des Allgemeinwissens, darüber zumindest im Groben

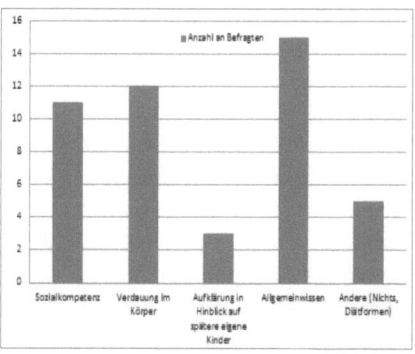

Abb. 18: Kompetenzen & Wissen

aufgeklärt zu sein. Ebenso wäre es möglich das Thema Laktoseintoleranz in eine Unterrichtseinheit über die Verdauung des Körpers einzugliedern. Anhand der Ursachen von Lebensmittelintoleranzen können die Funktionen der Verdauungsorgane, sowie die Aufgaben von Enzymen und Zucker erarbeitet werden.

Des Weiteren bietet das Thema Laktoseintoleranz und andere Lebensmittelintoleranzen die Möglichkeit, die Sozialkompetenz der Schülerinnen und Schüler zu fördern.

Ein Aspekt, der sich mir bei der Erstellung der Umfrage erschloss, war die Aufklärung in Hinblick auf zukünftige eigene Kinder. Allerdings gaben bei der Umfrage nur drei von 26 Befragten an, dass sie diesen Aspekt für wichtig erachten. Laut dem statistischen Bundesamt kann in den letzten Jahren ein Anstieg an minderjährigen Müttern festgestellt werden. *„Die Zahl der Geburten minderjähriger Mütter hat sich [...] um 13 % erhöht. Der Anteil der Geburten der unter 18-Jährigen [...] von 0,6 auf 0,8 % gewachsen."*[21] Die Schule soll die Schülerinnen und Schüler nicht nur auf einen späteren Beruf vorbereiten, sondern auch auf das Leben. Gewiss kann man den Jugendlichen nicht sämtliche Erziehungsaufgaben detailliert nahe bringen. Allerdings wäre die Aufklärung über Lebensmittelunverträglichkeiten ein positiver Nebeneffekt, der die Schülerinnen und Schüler bereits im Voraus auf eventuelle Kinderkrankheiten aufmerksam macht.

Frage 8: Wissen Sie, ob zu Nahrungsmittelunverträglichkeiten im Schulalltag spezielle Fortbildungen angeboten werden?

Für Lehrerinnen und Lehrer werden heutzutage Fortbildungen in nahezu allen Unterrichtsfächern und Fächerverbünden angeboten. Daher ergab sich die Frage, ob es auch für den Umgang mit Lebensmittelunverträglichkeiten in der Schule Fortbildungsveranstaltungen gibt.

---

[21] http://forum.sexualaufklaerung.de/index.php?docid=1028 (5.08.2012)

Nach ausführlicher Recherche bei der Landesakademie für Fortbildung und Personalentwicklung an Schulen und anderen Fortbildungseinrichtungen habe ich persönlich solche Fortbildungsangebote nicht gefunden. Dies deckt sich auch mit den Resultaten der Umfrage. Zwei der 26 befragten Lehrerinnen und Lehrer gaben an, nach solchen Fortbildungen gesucht, allerdings keine Angebote gefunden zu haben. Neun

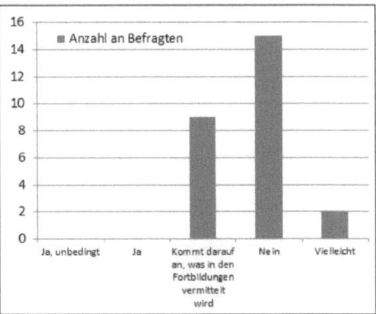

Abb. 19: Angebot an Fortbildungen

Befragte gaben an zu wissen, dass Fortbildungen zu diesem Thema nicht angeboten werden. Dreizehn weitere Personen haben sich nach Fortbildungen in diesem Bereich nicht erkundigt.

Frage 9: Halten Sie solche Fortbildungen für notwendig?

Der Umstand, dass es speziell für den Umgang mit Lebensmittelintoleranzen keine gesonderten Lehrerfortbildungen gibt, gründet auch darin, dass die Nachfrage nach solchen Fortbildungen von Seiten der Lehrerinnen und Lehrer nicht vorhanden ist. Dies bestätigt auch die Auswertung meiner Umfrage. 15 Befragte halten solch eine Fortbildung für nicht gewinnbringend, zwei Personen geben an, dass sie vielleicht an einer dementsprechenden Fortbildung teilnehmen würden, abhängig davon, ob sie betroffene Schülerinnen oder Schüler in ihrer Klasse haben.

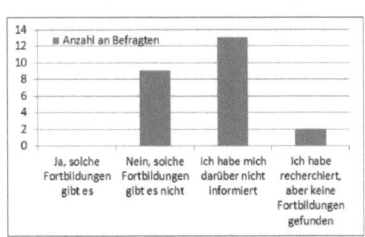

Neun Lehrerinnen und Lehrer gaben an, dass ihre Teilnahme an einer Lehrerfortbildung abhängig von den behandelten Themen wäre.

Abb. 20: Notwendigkeit von Fortbildungen

Frage 10: Was würden Sie von so einer Fortbildung gerne inhaltlich mitnehmen?

Abschließend wurden die Lehrerinnen und Lehrer nach möglichen Inhalten zum Thema Laktoseintoleranz auf Fortbildungen befragt. Diese Angaben decken sich teilweise mit Frage Fünf des Schülerfragebogens, da hier gefragt wurde, welches Wissen der Lehrer / die Lehrerin bezüglich Laktoseintoleranz haben sollte. Laut den befragten Lehrerinnen und Lehrern könnte bei diesen Fortbildungen über Symptome, Auswirkungen auf den Körper und Behandlungsmöglichkeiten aufgeklärt werden. Ein weiterer Aspekt war das Aufzeigen von alternativen Lebensmitteln ohne Laktose. Des Weiteren wurden das Verhalten im Notfall sowie der Umgang mit Medikamenten genannt.

Im speziellen Fall der Laktoseintoleranz kann es durch den Verzehr von laktosehaltigen Produkten zwar zu schwerwiegenden Symptomen kommen, allerdings sind diese nicht mit einem anaphylaktischen Schock wie beispielsweise bei Lebensmittelallergien, gleichzusetzen. Trotz allem sollten die Lehrerinnen und Lehrer darüber informiert sein, welche Symptome schlimmstenfalls beim Verzehr von laktosehaltigen Lebensmitteln bei ihren Schülerinnen und Schülern auftreten können.

Zu den Medikamenten ist ebenfalls zu sagen, dass laktoseintolerante Kinder, im Gegensatz zu Asthmatikern oder Kinder mit Lebensmittelallergie, keine Notfallpräparate benötigen. Allerdings greifen immer mehr Patientinnen und Patienten auf laktasehaltige Tabletten zurück, um ohne Probleme Milchprodukte verzehren zu können. An einer Ganztagsschule hatte ich bereits eine Schülerin, die vor dem Mittagessen täglich diese Tabletten einnahm. Je nach Tagesgericht bestimmte damals die Lehrkraft, wie viele Tabletten sie abhängig von dem im Essen vorhandenen Laktosegehalt, zu sich nehmen sollte. Dieses Beispiel bestätigt, dass sich Lehrerinnen und Lehrer je nach Klassenzusammensetzung und Schulverpflegung, auch mit Medikamenten/ Nahrungsergänzungsmitteln auskennen sollten, wie ein Lehrer/ eine Lehrerin bei der Umfrage anmerkte.

4. Laktoseintoleranz als Unterrichtsgegenstand

4.1 Didaktische Analyse nach W. Klafki

Die didaktische Analyse bildet den Mittelpunkt des didaktischen Modells von Wolfgang Klafki. Die didaktische Analyse entstand aus dem bildungstheoretisch-didaktischen Denken und geisteswissenschaftlichen Forschen Klafkis. Sie vertritt die Grundthese des "Primats der Inhalte" vor der Methode und kann als Modell der Didaktik im "engeren Sinne" gelten. Diese "Handlungsanleitung für die Unterrichtsplanung" entspricht dem pädagogisch-didaktischen Prinzip eines handlungsorientierten und pragmatischen Vorgehens bei der Unterrichtsvorbereitung.[22] Im Vordergrund stehen folgende fünf elementare Fragen, die sich Lehrerinnen und Lehrer bei der Unterrichtsplanung zu stellen haben:

„Gegenwartsbedeutung:

I.   Welche Bedeutung hat der betreffende Inhalt bereits im geistigen Leben der Kinder meiner Klasse, welche Bedeutung sollte er – vom pädagogischen Gesichtspunkt aus gesehen – darin haben?

---

[22] Vgl. Von Martial; Ingbert: Einführung in didaktische Modelle, Schneider-Verlag Hohengehren, Baltmannsweiler, 1996, S.174

Zukunftsbedeutung:

II.   Worin liegt die Bedeutung des Themas für die Zukunft der Kinder?

Sachstruktur:

III.   Welches ist die Struktur des (durch die Fragen I und II in die spezifisch pädagogische Sicht gerückten) Inhaltes?

Exemplarische Bedeutung:

IV.   Welchen allgemeinen Sachverhalt, welches allgemeine Problem erschließt der betreffende Inhalt?

Zugänglichkeit:

V.   Welches sind die besonderen Fälle, Phänomene, Situationen, Versuche, in oder an denen die Struktur des jeweiligen Inhaltes den Kindern dieser Bildungsstufe, dieser Klasse interessant, fragwürdig, zugänglich, begreiflich, „anschaulich" werden kann?[23]

Nachfolgend soll anhand der Didaktischen Analyse von Wolfgang Klafki die Umsetzung des Themas Narungsmittelunverträglichen erläutert werden.

Gegenwartsbedeutung:

Die Anzahl an diagnostizierten Laktoseunverträglichkeiten in Deutschland ist bis zum heutigen Tag auf ca. 15% angestiegen.[24] Das bedeutet, dass auch immer mehr Kinder und Jugendliche die Diagnose einer Laktoseintoleranz bekommen. Hinzu kommen weitere Lebensmittelunverträglichkeiten wie Fructosemalabsorption, Histaminintoleranz, Glutensensitive Enteropathie sowie Lebensmittelallergien. Dadurch befinden sich dementsprechend immer mehr Schülerinnen und Schüler mit Lebensmittelunverträglichkeiten in einer Schulklasse.

Sofern in einer Grundschulklasse ein Kind von dieser Krankheit betroffen ist, bietet es sich schon im Anfangsunterricht an, das Thema in den Unterricht zu integrieren. Durch die Betroffenheit eines Mitschülers oder einer Mitschülerin rückt das Thema in die Gegenwartsbedeutung aller Schülerinnen und Schüler dieser Klasse. Die Kinder sind zumindest jeden Vormittag täglich zusammen, bei Besuch einer Ganztagsschule sogar bis zum späten Nachmittag. Sie bilden eine Gemeinschaft, in der jeder oder jede mit seinen unterschiedlichen Charaktereigenschaften respektiert wird. Sie lernen, spielen, essen und trinken gemeinsam. Warum sollte dann eine Lebensmittelunverträglichkeit nicht zur Sprache kommen? In der Umfrage wurde von einigen Eltern angemerkt, dass ihr Kind in der Schule

---

[23] Jank; Werner, Meyer; Hilbert: Didaktische Modelle, Cornelsen Verlag, Berlin, (3) 1994, S.133
[24] http://www.dge.de/modules.php?name=News&file=print&sid=427 (5.08.2012)

benachteiligt und teilweise sogar gehänselt wird. Durch die Aufklärung aller Schülerinnen und Schüler über eine bestehende Krankheit kann diesem Umstand entgegen gewirkt werden.

Zukunftsbedeutung:

In der Grundschule beginnen die Schülerinnen und Schüler ihr soziales Umfeld weiter auszubauen. Erste Freundschaften werden geknüpft, neue Bezugspersonen treten in ihr Leben. Dieses soziale Umfeld wird sich in ihrem künftigen Leben mit jeder Begegnung erweitern. Daher ist es durchaus plausibel, dass sie in der Zukunft auf weitere Menschen mit einer Lebensmittelunverträglichkeit treffen. Um diesen Menschen in Hinblick auf ihre Krankheit aufgeklärt und respektvoll entgegen zu treten, sollte es bereits in der Schule zum Unterrichtsthema gemacht werden.

Ein weiterer zukunftsbedeutender Aspekt ist der Umstand, dass eine Laktoseintoleranz auch erst im Jugend- oder auch Erwachsenenalter festgestellt werden kann. Hierbei handelt es sich dann um die bereits zuvor beschriebene primäre Laktoseintoleranz. Durch eine frühe Aufklärung kann den Schülerinnen und Schülern eine Hilfe an die Hand gegeben werden auftretende Symptome schnellstmöglich zu deuten.

Sachstruktur:

Vor der Thematisierung von „Lebensmittelintoleranzen" im Unterricht, sollte zuvor die Verdauung des menschlichen Körpers durchgenommen werden. Dies kann in der Grundschule vereinfacht dargestellt werden, in den Sekundarschulen ist dies bereits ein festgelegtes Thema im Fach Biologie des Bildungsplans. Bei Grundschulkindern ist es notwendig, nur auf wichtige und für die Schülerinnen und Schüler relevante Aspekte der Laktoseintoleranz einzugehen. Beispielsweise würde man in der Grundschule nicht die verschiedenen Formen von Laktoseintoleranz oder den genauen Laktosegehalt von Lebensmitteln thematisieren, da dies im Grundschulalter nicht notwendig ist. Allgemein ist zu sagen, dass durch geeignete Medien und Unterrichtsvorbereitungen auch dieses Thema gut in der Grundschule sowie in den weiterführenden Schulen umsetzbar ist.

Exemplarische Bedeutung:

Wie bereits bei der Gegenwartsbedeutung genannt, ist die Laktoseintoleranz nur eine von mehreren Formen der Lebensmittelunverträglichkeiten. Sie kann im Unterricht exemplarisch für verschiedene Krankheiten stehen, die durch Nahrungsmittel ausgelöst werden können. Dazu können auch die Lebensmittelallergien gezählt werden. Die Ursachen für diese Krankheiten sind zwar unterschiedlich, allerdings kann den Kindern anhand der Laktoseintoleranz verständlich gemacht werden, dass es Menschen gibt, die nicht alle Lebensmittel ohne Probleme verzehren können.

Ebenso können bei Nahrungsmittelunverträglichkeiten und Lebensmittelallergien ähnliche oder auch gleiche Symptome auftreten, die man anhand der Laktoseintoleranz erläutern kann.

Zugänglichkeit:

Eine Zugänglichkeit zu diesem Thema ist gegeben, sobald Kinder oder Jugendliche in der Klasse von einer Nahrungsmittelintoleranz betroffen sind. Eine Schulklasse ist ein soziales System, in dem es unter anderem auch gilt seine Mitmenschen zu respektieren. Um Mitschülerinnen und Mitschüler mit einer chronischen Erkrankung respektieren zu können, müssen die Schülerinnen und Schüler über deren Krankheiten aufgeklärt sein. Dadurch kann bei den nicht betroffenen Schülerinnen und Schülern Verständnis und Achtsamkeit gefördert werden. Durch einen Bezug zum Thema durch betroffene Mitmenschen, fällt es den Schülerinnen und Schülern einfacher, sich in die Lage hineinzuversetzen. Ebenso können die Betroffenen den Unterricht durch eigene Erfahrungsanteile realer und motivierender mitgestalten.

Ein wichtiger Aspekt, der bei der Einbeziehung betroffener Schülerinnen und Schüler zu beachten ist, stellt die mögliche Zurschaustellung einzelner Kinder oder Jugendlicher dar. Die Lehrkraft muss mit dem Thema sensibel umgehen können und nicht betroffene Schülerinnen oder Schüler als Einzelfall hervorheben, da dadurch eventuelle Abgrenzungen auch begünstigt werden können. Es ist wichtig zu betonen, dass Lebensmittelintoleranzen oder Lebensmittelallergien nicht so selten vorkommen, wie man es vermutet und, dass es viele Menschen gibt, die darunter leiden.

4.2 Eingliederung in den Bildungsplan

4.2.1 Grundschule

Im Bildungsplan 2004 wird nicht explizit auf das Thema „Lebensmittelintoleranzen" verwiesen, weder in der Grundschule, noch in weiterführenden Schulen. Eine Verpflichtung dieses Themas erscheint, auch in Hinblick auf die Komplexität des Themas, für die Grundschule nicht notwendig. Sofern allerdings ein Kind in der Klasse betroffen ist, wäre es eine gute Gelegenheit um diverse Kompetenzen zu vermitteln. Allerdings bietet der Bildungsplan viele Möglichkeiten das Thema in den Unterricht zu integrieren.

Im Fächerverbund „Mensch – Natur – Kultur" werden in der zweiten Klasse unter dem Kompetenzfeld „*2. Ich – Du – Wir: Zusammen leben, miteinander gestalten, voneinander lernen*"[25] die sozialen Kompetenzen der Schülerinnen und Schüler angesprochen. Speziell der Aspekt „*Die Schülerinnen*

---

[25] http://www.bildung-staerkt-menschen.de/service/downloads/Bildungsplaene/Grundschule/Grundschule_Bildungsplan_Gesamt.pdf (12.08.2012)

und Schüler können Andersartigkeit wahrnehmen und sich damit auseinander setzen" [26] kann in Zusammenhang mit Lebensmittelallergien bei Kindern thematisiert werden. Die Kinder sollen lernen, dass jeder Mensch verschieden ist und es somit auch Kinder gibt, die an bestimmten Krankheiten leiden. Bei den Unterrichtsinhalten wird in diesem Zusammenhang auch auf die *Esskultur* eingegangen. Möglicherweise kann das Thema Nahrungsmittelintoleranzen auch unter diesem Inhaltspunkt behandelt werden, da Kinder, die auf Milch und Milchprodukte verzichten müssen, automatisch auf andere Lebensmittel und somit auch auf andere Speisen zurückgreifen müssen und somit auch eventuell andere Essgewohnheiten pflegen. Im Kompetenzbereich *„6. Mensch, Tier und Pflanze: Staunen, schützen, erhalten und darstellen."* [27] der zweiten Klasse werden verschiedene Grundlagen für Nahrungsmittel unter dem Inhaltspunkt: *„Pflanzen und Tiere als Grundlage von Nahrungsmitteln"* [28] angesprochen. Dieser Punkt wird auch in der vierten Klasse nochmals unter dem Begriff *„Nutzung von Pflanzen und Tieren als Grundlage von Nahrungsmitteln und Speisen"* [29] aufgegriffen und thematisiert. In diesem Zusammenhang wäre es gut möglich die Kuh und deren Produkte näher zu betrachten. Da hierbei auch auf die Milch und Milchprodukte eingegangen werden kann wäre es ebenso denkbar, die Laktoseintoleranz zu behandeln.

In den Kompetenzfeldern der vierten Klasse können eine Menge Inhalte mit dem Thema „Nahrungsmittelintoleranzen" verbunden werden. Erste Beispiele finden sich wieder im ersten Kompetenzfeld *„Wer bin ich – was kann ich: Kinder entwickeln und verändern sich, stellen sich dar."* [30] Hier heißt es: *„Die Schülerinnen und Schüler können wichtige Funktionen des Körpers und den Zusammenhang zwischen Körper, Ernährung und Bewegung erkennen."* [31] Zu den wichtigen Funktionen des Körpers gehört natürlich auch die Verdauung, die unter diesem Bildungsinhalt mit den Kindern in vereinfachter Form thematisiert wird. In Hinblick auf den Zusammenhang zwischen Körper und Ernährung könnte dann eine vereinfachte Erklärung für die Ursachen von Laktoseintoleranz folgen.

Ein weiterer Aspekt, der im ersten Kompetenzfeld genannt wird ist vor allem für betroffene Schülerinnen und Schüler interessant: *„Die Schülerinnen und Schüler können sich selbst, ihre Körperlichkeit, ihre Geschlechtlichkeit und ihre Lebenswelt differenziert wahrnehmen und zunehmend reflektieren".* [32] Viele Kinder können, teilweise auch durch mangelnde Aufklärung, nicht selbstbewusst mit ihrer Krankheit umgehen und diese vor anderen Kindern rechtfertigen. In diesem Zusammenhang wird im Bildungsplan ein weiterer wichtiger Inhaltspunkt genannt, nämlich *„Zuneigung und Abgrenzung".* [33] Durch Unwissen auf Seiten der Klassenkameraden und Kameradinnen, kommt es immer häufiger zu Ausgrenzungen, da viele Schülerinnen und Schüler mit der besonderen Beachtung erkrankter Kinder nicht zurechtkommen. Mit der Thematisierung des Themas im Unterricht könnte dieser Ausgrenzung vorgebeugt werden, da dadurch die Kinder erfahren, dass das betroffene Kind durchaus an den negativen Konsequenzen der Unverträglichkeit zu leiden hat und daher nicht bessergestellt ist, als alle anderen Kinder.

---

[26] http://www.bildung-staerkt-menschen.de/service/downloads/Bildungsplaene/Grundschule/Grundschule_Bildungsplan_Gesamt.pdf, (12.08.2012), S.100
[27-28] Ebd., S.102
[29] Ebd., S. 106
[30-33] Ebd., S.104

21

Der letztgenannte Aspekt kann auch im zweiten Kompetenzfeld *„Ich-du-wir: Zusammen leben, miteinander gestalten, voneinander lernen"*[34] verankert werden. Hier wird genannt, dass *„die Schülerinnen und Schüler bewusst Unterschiede und Gemeinsamkeiten bei ihren Mitmenschen wahrnehmen und die Merkmale des Gegenübers mitteilen"*[35] können, sowie *„gegenüber anderen Menschen in ihrer Verschiedenartigkeit Verständnis und Toleranz entwickeln"*[36] können.

Ein weiterer aufgeführter Punkt, der sich mit dem Thema vereinbaren würde sind die *„gemeinsamen Mahlzeiten"*[37]. Gerade wenn sich betroffene Schülerinnen und Schüler in einer Grundschulklasse befinden, ist es von hoher Wichtigkeit vor gemeinsamen Mahlzeiten auf die bestehende Intoleranz hinzuweisen, sofern die Kinder nicht ihr eigenes Essen mitbringen. Dies gilt auch, wie bereits in Kapitel 3.2 erwähnt, für Geburtstagsfeiern in der Schule.

4.2.2 Haupt- und Werkrealschule

In der Haupt- und Werkrealschule lässt sich das Thema „Nahrungsmittelintoleranzen" aufgrund von Vorwissen und einer erweiterten Vorstellungskraft leichter umsetzen als in der Grundschule. Auch hier finden wir im Bildungsplan Anknüpfungspunkte im Fach Wirtschaft – Arbeit – Gesundheit (WAG).

In diesem Fach heißt es im ersten Kompetenzbereich namens *„Marktgeschehen"*[38] der sechsten Klasse: *„Die Schülerinnen und Schüler können produktbezogene Informationen beschaffen und bewerten".*[39] Unter diesem Gesichtspunkt kann auch auf die Lebensmittelkennzeichnung und deren Wichtigkeit für nahrungsmittelintolerante Menschen eingegangen werden. In Klasse 10 werden Nahrungsergänzungenmittel direkt angesprochen *„Die Schülerinnen und Schüler beurteilen [...] Novelfood und Nahrungsergänzungsstoffen nach unterschiedlichen Kriterien".*[40] Unter diesem Aspekt könnte der Unterschied zwischen Functional Food, zu dem laktosefreie Produkte zählen, und Novel Food deutlich gemacht werden. Des Weiteren gehören Laktasepräparate auch zur Gruppe der Nahrungsergänzungsstoffe und lassen sich daher in diesem Zusammenhang im Unterricht untersuchen und bewerten.

Im vierten Kompetenzfeld *„Familie – Freizeit – Haushalt"*[41] der sechsten Klasse können mehrere Kompetenzen mit dem Thema „Nahrungsmittelintoleranzen" verbunden werden. Ein wichtiges Unterrichtsthema stellt in diesem Fach die gesunde Ernährung dar. So heißt es im Bildungsplan: *„Die*

[34-37] http://www.bildung-staerkt-menschen.de/service/downloads/Bildungsplaene/Grundschule/Grundschule_Bildungsplan_Gesamt.pdf, (12.08.2012), S.104
[38-39] http://www.bildung-staerkt-menschen.de/service/downloads/Bildungsplaene/Hauptschule_Werkrealschule/Hauptschule_Werkrealschule_Bildungsplan_Gesamt.pdf, (12.08.2012), S. 128
[40] Ebd., S. 132
[41] Ebd., S.128

Schülerinnen und Schüler kennen Grundlagen einer gesunden Lebensführung".[42] Da diese gesunde Lebensführung heutzutage aufgrund vieler allergieerkrankter Menschen nicht für jeden identisch ist, kann hier auch speziell auf Nahrungsmittelunverträglichkeiten eingegangen werden. Interessant wäre es, auch in Hinblick auf den nächsten Aspekt, die Schülerinnen und Schüler einen Tages- oder Wochenspeiseplan für eine laktoseintolerante Person zu entwerfen, der ebenso einer gesunden Ernährung entspricht. Hierbei könnten weitere Kompetenzen der Jugendlichen geschult werden, indem sie ein gesundes Essen für laktoseintolerante Personen herstellen. Dies könnte mit dem folgenden Punkt *„Die Schülerinnen und Schüler bereiten nach schriftlicher Arbeitsanweisung und nach eigenen Ideen einfache Speisen zu und bewerten sie"*[43] begründet werden.

Für die neunte Klassenstufe ergeben sich ähnliche Kompetenzen. Hier heißt es: „Die Schülerinnen *und Schüler können Grundnahrungsmittel nach haushälterischen und gesundheitlichen Kriterien [...] bewerten und verarbeiten"*[44] sowie *„Die Schülerinnen und Schüler kennen einfache Stoffwechselvorgänge und wissen um Zusammenhänge zwischen Ernährung und Gesundheit."*[45] In diesem Zusammenhang kann den Schülerinnen und Schülern aufgezeigt werden, dass die meisten Grundnahrungsmittel wichtig und gesund für den menschlichen Körper sind, allerdings nicht von jedem Menschen verzehrt werden können.

Daran schließen sich weitere Kompetenzpunkte an, nämlich „ *Die Schülerinnen und Schüler verstehen, wie persönliche [...] Gegebenheiten eigene und fremde Essgewohnheiten beeinflussen"*[46] sowie „ *Die Schülerinnen und Schüler kennen Zusammenhänge zwischen Ernährung, Körperbeziehung und Wohlbefinden und können daraus individuelle Verhaltensweisen ableiten"*[47]. Bei diesen Aspekten steht nicht nur das zu vermittelnde ernährungswissenschaftliche Wissen im Vordergrund, sondern auch die soziale Kompetenz. Durch die Thematisierung von verschiedenen *„Ernährungsweisen und Diäten"*[48] soll bei den Schülern Verständnis und Respekt gegenüber Menschen mit anderen, auch krankheitsbedingten, Essgewohnheiten gefördert werden.

5. Fazit

Zurückgehend auf die Ausgangsfrage „Wir wird in heutigen Schulen mit Nahrungsmittelintoleranzen umgegangen?" kann man zusammenfassend sagen, dass die „Laktoseintoleranz" im heutigen Unterricht an Schulen nahezu keine Rolle spielt. Lediglich 15% der Schülerinnen und Schüler gaben an, dass das Thema in ihrem Unterricht thematisiert wurde. Von ebenso 81% der Lehrerinnen und Lehrern wurde das Thema im Unterricht nicht behandelt.

[42-43] http://www.bildung-staerkt-menschen.de/service/downloads/Bildungsplaene/Hauptschule_Werkrealschule/Hauptschule_Werkrealschule_Bildungsplan_Gesamt.pdf, (12.08.2012), S.128
[44-48] Ebd., S.131

In Hinblick auf den Wunsch einer Umsetzung dieses Themas im Unterricht ergibt sich ein Interessenskonflikt zwischen Schüler- und Lehrerschaft. 46% der Lehrerinnen und Lehrer bestätigten, dass sie dieses Thema nicht für wichtig erachten, 31% würden die Umsetzung in Erwägung ziehen. Von Seiten der Schülerinnen und Schüler ist allerdings eine Thematisierung dieses Themas größtenteils erwünscht, dies bestätigten 90% der befragten Schülerinnen und Schüler.

Interessant waren auch einzelne Reaktionen, die auf die Veröffentlichung der Umfrage in einem Lehrerforum folgten. Zwei Forumsnutzer sollen an dieser Stelle zitiert werden mit den Worten „ [...] *Aber muss ich wissen, wer keine Milch, Möhren oder Äpfel essen darf?? Und das auch noch zum Thema machen??*", „ *[...] wenn wir gemeinsam frühstücken, wissen die kids ganz genau, was sie essen dürfen, oder nicht. Und ich werd nen teufel tun, mich da auch noch einzumischen...*"[27] Anhand der unterschiedlichen Rückmeldungen konnte man erkennen, dass sich viele Lehrerinnen und Lehrer persönlich angegriffen fühlten. Sie assoziierten den Vorschlag einer Umsetzung dieses Themas automatisch mit mehr Informationen, mehr Elternarbeit, mehr Unterrichtsvorbereitung und somit weniger Zeit für andere Unterrichtsthemen. Dies mag teilweise zutreffen, denn wie aus aktuellen Statistiken hervorgeht sind die meisten Lehrkräfte komplett ausgelastet und fühlen sich überlastet und niedergeschlagen. [28] Die Umsetzung des Themas „Laktoseintoleranz" fordert gewiss neuen Arbeitsaufwand, da zum jetzigen Zeitpunkt wenig bis keine vorbereiteten Unterrichtsmaterialien zur Verfügung stehen. Allerdings lässt sich dieses Thema im Rahmen gewisser Unterrichtseinheiten leicht thematisieren und erfordert daher, je nach Klassenstufe, den Arbeitsaufwand für ein bis zwei Schulstunden. Des Weiteren bietet der Bildungsplan den heutigen Lehrkräften ein hohes Maß an pädagogischer Freiheit in Hinblick auf Unterrichtsinhalte und Umsetzung. Wie in Kapitel 4.2 aufgezeigt wurde, lassen sich die Lebensmittelintoleranzen ohne Probleme mit einer großen Zahl an Kompetenzen vereinbaren.

Ebenso bestätigt die didaktische Analyse nach Klafki die Sinnhaftigkeit einer Umsetzung des Themas im Unterricht. Auch in heutigen der Lehrerbildung an pädagogischen Hochschulen wird das Thema „Lebensmittelallergien und Lebensmittelintoleranzen" in Veranstaltungen thematisiert. Daraus kann man schließen, dass es für den Unterricht von zukünftigen Lehrerinnen und Lehrern sinnvoll erscheint.

Abschließend bleibt zu sagen, dass es jedem Lehrer und jeder Lehrerin selbst überlassen bleibt das Thema „Lebensmittelintoleranzen" in den Unterricht zu integrieren. Abgesehen vom Arbeitsaufwand, der mit der unterrichtlichen Umsetzung einhergeht, wurde in dieser Arbeit gezeigt, dass dieses Thema viele Lernmöglichkeiten für Schülerinnen und Schüler bietet. Zu diesen Vorteilen zählt nicht nur das Allgemeinwissen, welches erweitert wird oder das Fachwissen über die biologischen Vorgänge im Körper. Den wohl größten Vorteil bietet das Thema zur Vermittlung von sozialen Kompetenzen, die es in unseren Schulen, zum jetzigen Zeitpunkt vielleicht mehr als je zuvor, zu fördern gilt.

---

[27] http://www.4teachers.de/?action=showtopic&topic_id=28940&page=0 (12.08.2012)
[28] Vgl. http://www.vbe.de/angebote/potsdamer-lehrerstudie/lehrerstudie-ueberblick.html (12.08.2012)

6. Literaturverzeichnis

Literaturquellen:

- **Bruckert, Ingeborg:** Laktose und Laktoseintoleranz – Wenn Milch krank macht, In: HTW Praxis, 12/2009, Oldenbourg Schulbuch Verlag, München, 2009
- **Fritzsche, Doris:** Nahrungsmittel-Intoleranzen: Beschwerdefrei genießen, Gräfe und Unzer Verlag, München, (4)2009
- **Jank, Werner, Meyer; Hilbert:** Didaktische Modelle, Cornelsen Verlag, Berlin, (3)1994
- **Kirchner, Nora:** Milchallergie und Laktoseintoleranz, Walter Hädecke Verlag, Weil der Stadt, 2008
- **Nesterenko, Sigi:** Nahrungsmittelintoleranzen- Leben mit Histamin-, Fruktose-, Laktose und Glutenintoleranz, Rainer Bloch Verlag, Schrobenhausen, (1)2010
- **Schleip, Thilo:** Laktose-Intoleranz: Wenn Milchzucker krank macht, Trias Verlag, Stuttgart, (3)2003
- **Schlieper, Cornelia A.:** Ernährung heute, Verlag Handwerk und Technik GmbH, Hamburg, (13)2008
- **Von Martial, Ingbert:** Einführung in didaktische Modelle, Schneider-Verlag Hohengehren, Baltmannsweiler, 1996

Internetquellen:

- www.seminare-bw.de/servlet/PB/show/1156855/bildplangs.pdf (zuletzt gesehen am 12.08.2012)
- http://www.bildung-staerkt-menschen.de /service/ downloads/ Bildungsplaene/ Hauptschule Werkrealschule/Hauptschule Werkrealschule_Bildungsplan_Gesamt.pdf (zuletzt gesehen am 12.08.2012)
- http://www.mlr.baden-wuerttemberg.de/mlr/bro/Milch.pdf (zuletzt gesehen am 05.08.2012)
- http://forum.sexualaufklaerung.de/index.php?docid=1028 (zuletzt gesehen am 05.08.2012)
- http://www.reimemaschine.de/kindergedichte-0-3484.htm (zuletzt gesehen am 05.08.2012)
- http://www.vbe.de/angebote/potsdamer-lehrerstudie/lehrerstudie-ueberblick.html (zuletzt gesehen am 12.08.2012)
- http://www.lehrerforen.de/ (zuletzt gesehen am 18.08.2012)
- http://www.grundschultreff.de/forum/main.php (zuletzt gesehen am 18.08.2012)
- http://www.lehrer-online.de/forum-lehrer-online.php (zuletzt gesehen am 18.08.2012)
- http://www.4teachers.de/?action=show&id=16 (zuletzt gesehen am 18.08.2012)
- http://www.eltern.de/community (zuletzt gesehen am 18.08.2012)
- http://www.laktose.net/forum/forum.php (zuletzt gesehen am 18.08.2012)
- http://www.nahrungsmittel-intoleranz.com/nmi-community/forumindex.html
- http://www.libase.de(zuletzt gesehen am 18.08.2012)
- http://www.urbia.de/forum/ (zuletzt gesehen am 18.08.2012)
- http://www.initiative-fitforfood.de/laktose.html (zuletzt gesehen am 12.08.2012)